AF289589

Dr. med. Ulrich Kübler

Die Dämonen des Anthropozän

Copyright: © 2016 Dr. med. Ulrich Kübler
Lektorat: Erik Kinting /
www.buchlektorat.net
Umschlag & Satz: Erik Kinting
Titelbild: © LuisPortugal, istockphoto.com

Verlag: tredition GmbH, Hamburg
Printed in Germany

Bibliografische Information der Deutschen Nationalbibliothek:
Die Deutsche Nationalbibliothek verzeichnet diese Publikation in der Deutschen Nationalbibliografie; detaillierte bibliografische Daten sind im Internet über http://dnb.d-nb.de abrufbar.

Gibt es noch leere Räume, ungestörte Träume?

Anthropozän nennt man das von menschlichen Handlungen und Technologien geprägte Zeitalter der Erde. Als Erster verwendete der Chemie-Nobelpreisträger Paul Crutzen diesen Begriff.
Das Anthropozän erschüttert das historische Kontinuum zwischen Mensch und Natur immer heftiger.

Der Mensch ist ein Täter in geohistorischer Dimension. Die bisherige Globalisierung war eine rücksichtslose Raubritterei; der Mensch griff gewaltig in die Biosphäre ein und geht jetzt auf die Jagd nach den letzten Rohstoffen.
Mit seinen kopflosen Wärmekraftmaschinen, Motoren, Turbinen und Hochöfen setzt er heute an einem Tag mehr Russ und Feinstäube frei als das ganze Mittelalter in 400 Jahren. Von einer Kreislaufwirtschaft oder der ungiftigen Effizienz der natürlichen Fotosynthese, bei der durch die Energie des Sonnenlichtes aus Kohlendioxid und Wasser energie-

reiche Moleküle für die Ernährung von Pflanze, Tier und Mensch aufgebaut werden, ist er weiter denn je entfernt.

Wir vergiften und vergewaltigen die Biosphäre und helfen nicht mal jenen, die von und auf Müllhalden leben. Mit Insektiziden und Pestiziden schlagen wir Schneisen in die landwirtschaftlich Böden, um Monokulturen möglichst industriell wachsen zu lassen, mit furchtbaren Folgen für Pflanzen, Insekten, Tiere und Menschen.

Ist es blinde Gier oder ein Todestrieb, der uns diese Todesspirale akzeptieren lässt? Das bisherige Antlitz der Erde verschwindet jedenfalls dank des Klimawandels, der eher ein GAU zu nennen ist.

»Die gegenwärtige Zivilisation ist stärker und schrecklicher als die fürchterlichsten und überwältigendsten Heere der Antike und des Mittelalters«, stellte der osmanische Schriftsteller Ibrahim Tüccarzade 1912 fest.[1]

---

[1] Aus dem Appell des Schriftstellers Ibrahim Hilmi Tüccarzade, 1912

Neben Dutzenden von Bürgerkriegen führen wir Krieg gegen die

- o Atmosphäre
- o Hydrosphäre
- o Kryosphäre
- o Böden, Pflanzen- und Tierwelt.

Ein riesiges Artensterben ist die Folge. Bienen verschwinden, Vögel sterben, Zellen verändern sich – die Krebsrate steigt weltweit.

Auch der Einsatz von Insektiziden und Bioziden wie Glyphosat spielt hier eine Rolle. Die chronische Zufuhr von Glyphosat zerstört die DNA, stellte Dr. Medardo Avila fest, Kinderarzt und Sprecher von *Ärzte besprühter Dörfer*.[2]

Die Beweiskette wird immer enger. Dem Autor gelang es nachzuweisen, dass im Serum vieler Menschen der nachweisbare Glyphosat-Spiegel den des zulässigen Toleranzwertes für Glyphosat im Trinkwasser übersteigt. Frau Bundeskanzlerin Merkel jedoch befürwortet Glyphosat[3] weiterhin und die EU-Kommission verlängerte die Zulassung.

---

[2] Süddeutsche Zeitung, Magazin, 21.11.2016
[3] Merkel befürwortet Glyphosat: Risiken nicht sehr groß, FAZ 20.08.2016

Es lässt sich sagen, dass die bisherige Art des Wirtschaftens im Zeitalter der Globalisierung nicht für eine erfolgreiche Selbst-Domestizierung des Menschen spricht. Es wurden und werden Zonen der Vernachlässigung gebildet. Die private und die staatliche Sphäre vernachlässigt oder ignoriert die Folgen des Raubbaus. Dagegen hilft nur ein Ignoranzmanagement.

Die Algorithmen, welche die gigantische Datenwolke der Gesellschaft durchforsten und verwalten führen zur Diagnostik des Unbekannten, der Transformation der Zellen, der Pflanzen, der Menschen und der Gesellschaft.

Es entsteht Zellkontrolle

Lernfähige Algorithmen greifen nach der Zelle und analysieren nun deren Genom und Proteom. Pharma-Giganten wie *Roche* kooperieren mit Tochterfirmen von *Google*, denn Biomarker und sonstige Daten sind in deren

Augen die Währung der Zukunft, Benzin für die Forschung und die Aktienkurse.

Nebenbei wird dem gläsernen Patienten, dem seine Daten kostenlos abgenommen werden, das Ende aller Krankheiten versprochen, der Politik und den Krankenkassen Kontrolle, Kostendämpfung und Standardisierung. Das hört jeder Politiker gern.

Körper-Kontrolle

Die Daten aus Biotrackern werden mit Biomarkern assoziiert und den Krankenkassen und Behörden zur Verfügung gestellt.
Der Philosoph, Theologe und Psychiater E. Frick von der Technischen Universität München stellt daher im *Bayrischen Ärzteblatt* 7-8/2016 folgende Fragen: »Ist daher dieses klassische Bild vom Menschen eine Selbstüberhöhung, die sich nun als finale Desillusionierung des Menschen darstellt, nach Darwin (Biologie), Freud (Psychologie), Marx (Soziales)? Was der Mensch ist, sei neu zu bestimmen.« Ich widerspreche, nicht was

er ist, sondern was er werden kann oder zu werden droht.

Man muss als Antwort auf tatsächliche oder vermeintliche Kränkungen nicht jede tatsächliche oder eingebildete Organverstärkung oder Systemveränderung begrüßen und mitmachen. Die Bereitschaft vieler Menschen im Austausch für vermeintliche Vorteile Bewegungs- und Ernährungsdaten sowie andere Lebensstil- und Bewegungsindikatoren über Smartphones oder Smartwatches an Dritte zu übermitteln zeigt, dass sie das nicht zu Ende gedacht haben, denn das unterstützt die Vermarktung des Menschlichen.
Wir verzichten auf eine qualitative Sichtweise.

Zu transhumanen Parallelschöpfungen

»Es laufen in den USA bereits Versuche, um menschliche Organe in Tieren zu züchten und Mischwesen zu erzeugen. Menschliche Stammzellen werden zu diesem Zweck in wenige

Tage alte Schweineembryonen injiziert. Der Embryo wird in ein Muttertier eingepflanzt, die menschlichen Stammzellen ersetzen das fehlende Organ und bilden ein menschliches Herz oder sonstiges Organ. Sobald das Schwein gross genug ist, wird es geschlachtet und das Menschenherz soll in den Menschen transplantiert werden.«[4] Mit Pavianen als Empfänger so erzeugter Herzen hat man scheinbar bereits erfolgreich experimentiert.

»Kritiker befürchten, dass die Schaffung solcher Mischwesen außer Kontrolle gerät: Wie viele humane Nervenzellen benötigt ein Schwein, um menschliche Intelligenz zu entwickeln?«[5]

Andererseits wäre es unter Umständen und unter Begrenzung der Begehrlichkeiten ein Weg, die mit der sogenannten *Organspende* verbundenen Komplikationen, Verknappungen und kriminellen Auswüchse (Organhandel) zu vermeiden.

---

[4] NZZ, Forschung und Technik, 07.09.2016
[5] NZZ, Forschung und Technik, 07.09.2016

Künstliche Intelligenzen entstehen

Noch antworten die Suchmaschinen, bald stellen sie Fragen und Kampfmaschinen wie Drohnen entscheiden schon heute über Tod und Leben.

Das sind Fragen und Taten von immenser ethischer und globaler Bedeutung. Es stellen sich in diesem Zusammenhang folgende Fragen und Aufgaben:

Wer sichert die faire Daten-Hoheit oder wie gewinnen wir diese zurück? Brauchen wir einen europäischen digitalen Souveränitätsakt? Denn die Allianz aus Silicon Valley, Internet und Geheimdiensten teilt die Welt wie in einem mittelalterlichen Feudalstaat in *Cloudies* und *Non-Cloudies, Abgehörte* und *Gespeicherte* und *noch nicht Abgehörte* und *noch nicht Gespeicherte* ein. Der Mensch ist kein Individuum mehr, sondern ein Datensatz in einer Daten-Cloud.

Das darf nicht sein.

In Zeiten fast exponentiell wachsender technischer Möglichkeiten gilt:
Werden personenbezogen erhobene Daten letztendlich zu analytischen und kommerziellen Zwecken gespeichert, sind sie als geldwerte Leistung zu qualifizieren und bedingen eine in Geldwert auszuweisende Gegenleistung – der digitale Kapitalismus bedarf der Kontrolle und ist zu besteuern.

Es entsteht bereits ein digitales Prekariat und wir verlieren unsere Arbeitsplätze zunehmend an Roboter mit künstlicher Intelligenz.
Die Schöpfer der *Long-Short-Time-Memory-*Algorithmen träumen nicht nur den Traum, ein Programm und eine Maschine zu bauen, die *klüger ist als der Mensch*, sie verknüpfen dies auch mit ihrer eigenen Selbsteinschätzung. So sagte Prof. Jürgen Schmidhuber, der Schöpfer technisch bedeutsamer Algorithmen, die u. a. von Google und bei der Spracherkennung genutzt werden, in einem Interview mit *Zeit Online* am 2. Juni 2016:

Als Bub begriff ich: Ich kann nichts Bedeutsameres erreichen, als etwas zu bauen, das lernt, klüger als der Mensch zu sein. Eine künstliche Intelligenz, die sich rapide selbst verbessert.

Auch erscheint es offensichtlich: Da der weitgehend lebensfeindliche, doch höchst roboterfreundliche Weltraum weit mehr Ressourcen bietet als der dünne Biosphärefilm Erde, werden viele KI (=künstliche Intelligenzen) bald das Interesse an uns verlieren, das Sonnensystem besiedeln und umgestalten, dann innerhalb von Jahrmillionen die Milchstraße, und schließlich innerhalb von Jahrmilliarden auch den Rest des erreichbaren Universums, im Zaum gehalten nur von der beschränkten Lichtgeschwindigkeit.

Nach gut zehntausend Jahren Zivilisationsgeschichte, so sah ich es, schien das Universum bereit zu sein, seinen nächsten Schritt zu tun in Richtung noch unfassbarerer Komplexität, einen Schritt, vergleichbar mit der Entwicklung des Lebens vor über drei Milliarden Jahren.

Ich empfand es als grosses Glück, diese Zeit mitzuerleben, dieser Revolution beizuwohnen und vielleicht etwas zu ihr beizutragen.

Seither arbeite ich an selbstverbessernden allseits einsetzbaren künstlichen Intelligenzen, zunächst noch recht allein und oft eingeschränkt durch langsame Rechner.

Doch schon in den 1970er Jahren war abzusehen, dass Maschinen bald nach der Jahrtausendwende die rohe Rechenkraft eines Menschenhirns besitzen würden, denn jedes Jahrzehnt verhundertfachte sich die für eine Deutsche Mark erhältliche Rechenleistung. Dieser Trend hält noch an, und in einigen Jahrzehnten werden relativ billige Rechner mit der Rechenleistung der gesamten Menschheit existieren. Vielen ist nicht bewusst, wie rasch diese exponentielle Entwicklung voranschreitet.

Rohe Rechenkraft ist natürlich nichts wert ohne selbstlernende Software, an deren Entwicklung ich seit den 1980er Jahren arbeite, oft in Form künstlicher neuronaler Netzwerke. Diese Systeme lernen quasi aus Erfahrung selbst, durch Ausprobieren und Scheitern. Ihr

Aufbau orientiert sich an den Nervenzellen im Gehirn, und wenn eine solche KI lernt, bilden sich zwischen ihren einzelnen „Nervenzellen" manchmal neue Verbindungen, alte werden gestärkt oder abgeschwächt oder gelöscht.

Meine erste Forschungsgruppe an der Technischen Universität München konzentrierte sich im Gegensatz zu anderen Teams schon früh auf besonders tiefe und rückgekoppelte Netze, die zwar mächtiger und effizienter sind als andere, zunächst aber auch mehr Schwierigkeiten machten. Damals waren Computer eine Million Mal langsamer als heute, und mit unseren ersten funktionstüchtigen, neuronalen Very Deep Learning-Maschinen (seit 1991) konnten wir nur kleine Spielzeugexperimente durchführen. Aber unsere Hartnäckigkeit zahlte sich aus. Denn heute lösen unsere Netze wirklich wichtige Probleme. Seit 2009 gewann mein Team- damals an der Technischen Universität München und am Schweizer KI-Labor namens IDSIA-weit mehr Wettbewerbe zum maschinellen Lernen als jedes andere. 2011 erzielte es die ersten übermenschlichen Ergebnisse bei visueller Mustererkennung (für Rechner schwieriger als Schach, denn schon seit 1997 ist der beste Schachspieler kein Mensch mehr).

Google, Microsoft, IBM, Baidu und viele andere verwenden unsere Verfahren, die unter anderem die beste Handschriftenerkennung, maschinelle Übersetzung oder Bilderkennung ermöglichen. Letztere kommt beim selbstfahrenden Auto zum Einsatz.

Oft werde ich gefragt: Haben Sie ein Demo? Dann frage ich zurück: Haben Sie in Smartphone? Seit 2015 basiert nämlich auch Googles Spracherkennung auf unseren Methoden, sie verbesserten die Diktierfunktion dramatisch und sind nun Milliarden Nutzern zugänglich.

Grundlage hierfür sind zwei Beiträge meines Teams: das sogenannte Lange Kurzzeitgedächtnis (Long Short Time Memory, LSTM) ein rückgekoppeltes neuronales Netzwerk, das viel besser funktioniert als frühere Netzwerke dieser Art, sowie ein dazugehöriges Lernverfahren namens Connectionist Temporal Classification (CTC, seit 2006).

Google nutzt unsere Techniken zudem für viele andere Dinge wie etwa die Übersetzung von einer Sprache in eine andere, für die automatische Erstellung von Bildunterschriften und zur Beantwortung von Emails. Google wird wohl bald zu einem riesigen LSTM.[6]

»Wir sind also dabei, die Verwaltung und Steuerung unseres Lebens an autonome Systeme zu übergeben. Entsprechende Transaktionsprotokolle haben das Potenzial, die Arbeit ganzer staatlicher Bürokratien durch Computer erledigen zu lassen. Administrative und unproduktive Prozesse werden von der Digitalisierung erfasst. Die Digitalisierung macht vor nichts und niemandem Halt.«[7]

Die Digitalisierung der Medizin und anderer Wissenschaften hat tief greifende Folgen für den Einzelnen und die Gesellschaft. Wer hätte vor einigen Jahren gedacht, dass Google eine immer größere Rolle im Gesundheitswe-

---

[6] Eine Maschine klüger als der Mensch, Jürgen Schmidhuber, Zeit Online, 02.06.2016
[7] Die Digitalisierung macht vor nichts und niemandem Halt, S. Finsterbusch, FAZ vom 07.07.2016

sen spielt? *Google Calico* sammelt alle im Internet verfügbaren Daten über das Altern. Stellen Sie sich vor, welche Dimensionen erreicht werden, wenn wissenschaftliche Studien, Veröffentlichungen, Meinungsäußerungen in Blogs und anderen Clouds systematisch analysiert, geordnet und miteinander vernetzt werden und mit einer globalisierten Biomarker-Analyse oder mit *Google Genomics* verknüpft werden. Keine staatliche Behörde, kein Krankenhaus und kein Pharma-Unternehmen hat der Flut und Power dieser Daten etwas entgegenzusetzen, weder die Erhebungskapazität noch die Rechnerleistung.

Ist die Erkennung von Mustern nun aber Segen oder Fluch? Wer sind die Gewinner, wer die Verlierer in diesem voraussichtlich von *BigData* gespielten Identitäts-Roulette?

Programme der künstlichen Intelligenz, die selbst lernen, und Suchmaschinen, die Fragen stellen, müssen registriert werden, um manipulative Eingriffe in Entscheidungsprozesse und die menschliche Realitätswahrnehmung zu erkennen.

Das menschliche Bewusstsein und seine Integrität sind mehr als eine Software, die in der Hardware des Gehirns arbeitet – frei zitiert nach David Gelernter.[8]

Hat der Computer ein Bewusstsein?

Die Zelle hat ein Gedächtnis, das es zu respektieren gilt. Der Geist und das Bewusstsein entstehen durch die Zusammenarbeit des Gehirns mit den Zellen des Körpers. Gedanken, Gefühle, Schwingungen und Moleküle sind unsere Ziele und Erinnerungen. Sie bauen die morphischen Felder auf, die ein artifizieller Algorithmus niemals wird sein eigen nennen können, zumindest hoffe ich das.
Ob die Interaktion der natürlichen und künstlichen Intelligenzen friedlich, konfrontativ oder sogar tödlich verlaufen wird, wird die Zukunft zeigen.

---

[8] Gezeiten des Geistes, David Gelernter, Ullstein

Implantate (z. B. RFID-Chips), die Daten speichern, die von Kliniken, Krankenkassen etc. empfangen und verarbeitet werden können, sind potenziell anthropoide *Medical and digital Devices*, insbesondere wenn sie von Zellen, Tieren und/oder Menschen Daten sammeln, diese Daten in einer Cloud ablegen und das Device oder die künstliche Intelligenz als Implantat oder Surrogat fungiert oder gar über eine Schnittstelle verfügt.

In der Welt der Vorstellung existiert eine Lehre von den Wesenheiten und der Ewigkeit. Die lebenden Systeme nähern sich ihrem Ziel mithilfe des Todes. Die technologischen Möglichkeiten des Eingriffs in die Informationstechnologie der Zelle, sollen die Entropie besiegen. Auf diese Weise soll die Kränkung durch Tod und Krankheit überwunden werde.
Es sei dahingestellt, ob das Wesentliche dabei erhalten bleibt oder verloren geht, es bleibt wahrscheinlich aufgrund dieser Eingriffe in die Evolution bald nur noch festzustellen, dass der symbolische Traum von der Ewigkeit mit Melancholie auf die Vergänglichkeit blickt.

Der *Homo informaticus* wird im Digitalzeitalter optimiert, aber potenziell dehumanisiert.

Aber:

Wissen ohne Wissen schafft Dummheit

Wissen verhält sich dann wie Geld: es entfernt sich von den Subjekten und sucht sich seine eigenen Realisierungen. Und so wie Geld zugleich mehr Geld und mehr Elend erzeugt, so erzeugt dieses Wissen zugleich mehr Wissen und Dummheit.

Die Entwicklung erzeugt immer weitere Entwicklung. (Schumpeter).

Nach einem Hinweis von Prof. E. Stähler sind im ausgehenden Anthropozän noch Menschen die Akteure, als Bewohner von Nationen mit bisher einigermaßen definierten Grenzen.
Im Kapitalozän werden die Nationalstaaten jedoch zunehmend von *Market States* abge-

löst. Diese sind entgrenzt, schützen ihre Bürger nicht mehr und lassen die Menschen mit ihren Kränkungen allein.
Der Hauptgegner des *Market States* ist der Nicht-Konsument.

CDOs – Credit Default Swaps
unter Verwendung von Gedanken aus *Die Natur der Kulturen* von H. Mühlmann.[9]

CDOs (*Collateralised Dept Obligations*) sind Kreditausfallversicherungen, bei denen der Gewinn im Ausfall der Kreditfähigkeit eines anderen besteht. Diese werden von sog. *Zweckgesellschaften* vertrieben, das sind Schattenbanken, die von keiner Bankenaufsicht erfasst werden. Diese Banken sind so mächtig geworden, und die Gelder, die sie verwalten so groß, dass sich immer mehr Staaten den Schattenbanken in ihrer Politik unterordnen müssen. Bereits jetzt ist die Ge-

---

[9] Mühlmann, Heiner, Die Natur der Kulturen, 2011, W. Fink-Verlag, München

meinschaft der Schattenbanken um die Entwicklung von internationalen Schiedsgerichtssystemen (!) bemüht, um ihren Kunden Rechtssicherheit zu vermitteln.

Von den Schattenbankengeschäften profitiert insbesondere der Finanzplatz London. Für seine Gesamtwirtschaft sind Schattenbanken unverzichtbar. Schattenbanken gibt es in Hongkong, der Schweiz, Singapur, Luxemburg, Guernsey, der Isle of Man, Jersey, Andorra, Bahrain, Barbados, Bermuda, Gibraltar, Malta, Monaco, den Cayman Inseln und in Lichtenstein.

Beliebt sind die CDOs bei den Amerikanern, insbesondere seit das Gold durch den Dollar als Referenzsystem abgelöst wurde.
Die Lage ist inzwischen so verzweifelt, dass, um den drohenden Konkurs weiter zu verschleppen, die nächste Finanzblase entwickelt werden muss. Dies sind die Staatsanleihen.
Derivate-Geschäfte funktionieren nur unter der Bedingung, dass sie Blasen erzeugen, die am Ende platzen. Der größte Schuldner, die USA, kann mit Hilfe der an ihn adressierten

großen Nachfrage, die durch den Leitwährungseffekt entsteht, das Platzen der Blase in großem Umfang ins europäische Ausland abdrängen. Dies ist die strategische Doktrin, die hinter dem Blasenwirtschaftskrieg gegen Europa steht. Strategien dieser Art sind selbstverständlich nur für einige Zeit kontrollierbar, danach erzeugen sie unkontrollierbares Chaos.

Inzwischen wird sogar über *Helikoptergeld* nachgedacht, um den Konkurs zu prolongieren und die Nachfrage zu stärken, aber das Chaos an den internationalen und global operierenden Finanzmärkten ist dadurch nicht mehr zu bannen.

Zur Zeit haben viele Menschen auf der Welt davor Angst, dass die Chinesen die Nerven verlieren und mit ihren US-Dollars den Weltmarkt fluten. Sie suchen daher nach einem Währungsreferenzsystem, das den Dollar ersetzen könnte, ebenso wie die Brickstaaten Russland, Brasilien, Indien und nicht zuletzt die EU.

Nach 2010 prägte die amerikanische Politologie den Begriff des *Market States*. Er löste

den Nationalstaat ab. Bei ihm ging man davon aus, dass er nicht mehr durch die Kontrolle seiner Grenzen in seinem Innenraum eigene Ordnungen erzeugen kann, da sich die Politik voll und ganz in den Dienst der Wettbewerbsfähigkeit auf dem Weltmarkt stellen muss. Das Feindprinzip, das für den Nationalstaat wichtig war, verschwand aus der Definition des *Market States*. Statt dessen führte P. Bobitt in seinem 2004 erschienenen Buch *Der Schild des Achilles* den Feindbegriff *Terrorismus* ein (vgl. Bobitt, P., 2008 *Terror and Consent*, Knopf/Pinguin Verlag).
Keine Staaten, nur Bürger gehen in privaten Bankrott. Staaten, zumindest der amerikanische Staat, nie – der ändert einfach die Regeln oder erklärt seine Feinden zu Terroristen und dafür gibt es ja Drohnen.
Nun hat man noch folgende Folterwerkzeuge: Fortführung der Sparmaßnahmen in den Haushalten, Entlassungen, weitere Geldentwertung, Inkaufnahme von Verarmung, Hunger, Epidemien, Attentate, Terror, Bürgerkrieg.

Sie haben wahrscheinlich schon bemerkt, dass *Staatsbankrott* nicht als singuläre Katastrophe beschrieben werden kann, sondern nur als kontinuierlicher Prozess, in dem wir uns gerade befinden. Außerdem ist nicht zu übersehen, dass die USA beschlossen haben, Krieg zu führen, und dass Staaten der EU zwar an diesem Krieg teilnehmen, aber nur wegen des diplomatischen Zwangs, der von den USA ausgeübt wird.

Es wird interessant sein zu sehen, wie weit es die USA unter welchem nächsten Präsidenten treiben werden. Denn was würde passieren, wenn China von den USA das Geld zurückverlangte, dass die USA sich in China geliehen haben, oder was würde passieren, wenn China seine gigantischen Dollarreserven auf den Markt würfe? Würde es zu einer staatsbankrottähnlichen Entwicklung kommen oder würde der Dollar so stark abgewertet, dass die USA ihre Schulden weginflationieren können? Letzteres entspräche einem Währungskrieg.

Sie verstehen jetzt, warum Draghi Staatsanleihen kauft und diese in Deutschland, der Schweiz und den USA immer mehr durch Negativzinsen abgewertet werden, d. h.: Wenn sie von einem Staat nicht mit Krieg überzogen werden wollen, müssen sie ihm Geld zu Negativzinsen leihen.

Das Imperium finanziert sich mit vorgehaltener Pistole durch Enteignung. Das bedingungslose Grundeinkommen nach Abschaffung des Bargeldes ist da nur der letzte Schritt.

Wie sagte Heiner Mühlmann in seinem Buch *Europa im Wirtschaftskrieg* unter der Überschrift *Souveränitätsdämmerung*:

Alles was zu der gegenwärtigen desaströsen Situation der Welt geführt hat, ist in Europa erfunden worden. Die Liste ist lang. Das Kernelement ist die Selbststimulation der Kultur durch den intrakulturellen Krieg. Der intrakulturelle Krieg ist die Erzeugungsmatrix für die Kräfte des Souveränitätsverhaltens, die in der gegenwärtigen Situation des Weltwirtschaftskrieges den verhängnisvollen Destruktionseffekt auslösen. Europa hat die Souveränität erfunden und ist jetzt damit befasst sie abzuschaffen.

Daraus resultieren die Schwierigkeiten der Eurokrise. Die USA haben die Souveränität von Europa in die Neue Welt mitgenommen.

Sie verstärken gegenwärtig das Souveränitätsverhalten in ihrer Außen- und Finanzpolitik.

Nur wer die Büchse der Pandora geöffnet hat weiß, wie man sie wieder schließen kann, sagte man früher.

Ein Ausweg aus dieser Situation ist schwierig. Ein Drittel der Staatsanleihen befinden sich gänzlich in der Gewalt der CDO-Räume. Wenn die Staaten, von denen die Banken Staatsanleihen gekauft haben, pleite sind, sind auch die Banken pleite. Dann werden die Banken von den noch solventen Staaten gerettet, damit werden dann auch die insolventen Staaten vor der Pleite gerettet. Der einzige Weg, der dann noch aus diesem Teufelskreis herausführen kann, ist der Ankauf von Staatsanleihen durch die Europäische Zentralbank, doch das kommt dem Drucken von Geld gleich. Nur durch die Bildung einer europäischen Zentralregierung und einer totalen Abschaffung der Souveränität, könnte eine funktionsfähige Einheit geschaffen werden. Aber welcher insolvente Staat ist schon bereit, seine Entscheidungsrechte gänzlich aufzugeben? Auf jeden Fall steht Europa vor

einer Situation, für die es bislang keinen Prä-
zedenzfall gibt.

Auf 1 Mrd. Umsatz gesunder Realkredite kommen 6 Mrd. Umsatz von CDO-Versicher-
ungen. Das Derivat ist die Welt der Schattenbanken.
Der größte Umsatz mit Schattenbanken wird
in den USA gemacht. Es sind 23 Billionen
Dollar – 160 % der jährlichen Wirtschaftsleistung der USA. In Großbritannien werden
370 % der jährlichen Wirtschaftsleistung von
Schattenbanken umgesetzt, in Schweden
210 %, in den Niederlanden 490 %, in Hongkong 520 %, in der Schweiz 210 %, in Singapur 260 %.
Zu den Schattenbanken gehören Privat-
Equity-Gesellschaften, Geldmarktfonds, die
Zweckgesellschaften der Banken, Invest-
mentfonds und Hedgefonds. Man kann sich
vorstellen, wie glücklich man zur Zeit bei
Blackrock mit der aktuellen Entwicklung ist.

Man kann sagen, die Waffen des Landkrieges
sind Bomben und Raketen, die Waffen des
Weltwirtschaftskrieges sind CD-Verträge. Sie

versichern unvorhersehbare Zufallsrisiken bei der Vergabe von Krediten nach dem Motto: *Je höher das Risiko, desto größer der Zufall. Je höher der Schaden für den anderen, desto höher der Gewinn für den Versicherten.* Der Handel mit CDOs erzeugt eine Zerstörung, bei der es darauf ankommt, selbst nicht in der Nähe zu sein.

Die Strategie dieses Typs kann für das Imperium nur dann ein gutes Ende nehmen, wenn sein Innenraum stabil ist. Das ist angesichts der dort herrschenden Waffendichte und des Hasses auf die Polizeigewalt kaum denkbar. Die letzte Waffe dagegen wird der Einsatz von Killerrobotern unter Zuhilfenahme der Gesichtserkennung sein. Wenn das geschieht, sind die Kollateralschäden der Drohnenkriege nur ein relativ harmloses Preludium gewesen.

Zur gleichen Zeit findet der Umbau des bürgerlichen Subjektes zu einem Wesen statt, das es gewohnt ist, nicht mehr es selbst zu sein, das aber unentwegt daran arbeitet, mit einem Bild von sich selbst zu verschmelzen. Es entstehen posthumane Zombies. Das Prinzip des Überlebens wird dann darin bestehen, nicht mehr ganz und nicht mehr ganz selbst zu sein.

Die fundamentalen Formen des Regierens waren bisher das Übertragen oder die Fortnahme von Besitz, das Sterbenmachen oder das Sterbenlassen.
Foucault sagte: *Die Souveränität machte sterben und ließ leben.*
Jetzt erscheint eine Macht, die ich *Regulierungsmacht* nennen möchte: Sie besteht im Gegensatz dazu darin, Leben herzustellen und zu beenden, Geld herzustellen und zu vernichten.
Das muss nicht schuldhaft sein. Es kann sein, dass evolutionär die Gene der Gier und kurzfristigen Existenzsicherung überwiegen und die Angst vor dem eigenen Tod sowie der latente Wunsch nach Unsterblichkeit, diese Kultur der Rücksichtslosigkeit der Androiden hervorgerufen haben, die man wahrlich nicht *Zivilisation* nennen kann.
Hinter der Fassade lauern die alten Dämonen: Gier, Egoismen, Ignoranz.

Wir benötigen ein Ignoranzmanagement. Die bisherigen Konventionen genügen nicht, diese Dämonen zu domestizieren.

Immer größere Datenmengen werden angelegt, was ein beherrschbarer Nachteil sein kann, wenn das Individuum die Datenhoheit behält und die digitale Kontrolle nicht zum Terror der Algorithmen wird oder zum Ende der Anonymität und Individualität führt.
Nicht wenige Menschen wollen Selbstoptimierung und akzeptieren sogar Angriffe auf und Eingriffe in die Zelle. Die Gefahr kommt nicht nur von außen, sie liegt auch in uns.
Zivilisation und gutes Leben sehen anders aus:

- o Entgrenzungen, chaotische Migrationsströme
- o hybride Auseinandersetzungen
- o nicht warten können
- o Änderung der Sprache, der Kommunikation und des Verstehens
- o Ungleichgewichte in der Vermögensverteilung
- o Schwierigkeiten bei der Kapital-Akkumulation und fairen Partizipation

o Überschuldung einerseits, Hyper-Reichtum und Verarmung andererseits
o staatliche und sonstige Spionage
o Meinungsbeeinflussung

Die Enteignung der Daten und was sie verraten:

Es stellt sich die Frage nach der Identität des Menschen im Meer der Daten und Algorithmen.

Ist die sich entwickelnde Robotik die Lösung? Sie kann den Menschen entlasten oder verdrängen. Sie kann mit dem Menschen kooperieren. Sich selbst steuernde Abläufe können in Teilbereichen hilfreich und nützlich sein, unsere Selbstbewusstseine können und dürfen sie nicht ersetzen, auch wenn das einige Unternehmer gerne als möglich suggerieren. Wenn die Entwicklungen von 3-D-Druckern, autonomen Fahrzeugen und der sonstigen Roboter so rasant weitergehen wie bisher, schaffen wir bald keine schlechten Jobs mehr, sondern gar keine.

Meines Erachtens wird die Komplexität des menschlichen Bewusstseins dabei unterschätzt. Das Bewusstsein ist keine Software, die auf der Bio-Hardware des Gehirns abläuft. Das gilt insbesondere im Polizei und Verteidigungsbereich.
Der Einsatz von Tötungsmaschinen wie Drohnen und landgestützten Kampfrobotern ist eine kafkaeske Entwicklung. Das neue Weißbuch der Bundeswehr schützt nicht vor diesen ethisch bedenklichen Entwicklungen. Wenn Polizeigewalt auf Polizistenhass trifft, helfen keine Bombenroboter, nur die Deeskalation. Diese aber bedarf der Beendigung der Ausgrenzung und der Beendigung der Demobilisierung des Denkens.

Ursache ist die Durchdringung der Biologie und der Wissenschaften vom Leben durch Physik und Informationstechnologie und das Denken in Surrogaten und Prothesen: Der Computer sollte keine Gehirnprothese sein.
Hochleistungs-Rechner mit guter Speicherfähigkeit und entsprechenden Algorithmen können jedoch eine Methodenkombination von Szenariotechnik und Bibliometrie im

Sinne des Speicherns und Verwaltens komplexer Daten und Erkenntnisse erlauben, die zu einer Bereicherung des menschlichen Einschätzungs- und Vorhersagevermögens führen, zu einem Ignoranz- und Risikomanagement, frei von individuellen Egoismen und Begrenzungen.

Das könnte in der Finanzwelt, beim Klimamanagement und ganz allgemein bei der Risikoabschätzung von gewaltigem Interesse für den Einzelnen wie die Gesellschaft sein. Im Bereich der *Finapps* existiert bereits Vergleichbares: die Software *Aladin* des Finanzanlegers *Blackrock*.

Gefahren für die Evolution und die Individual- und Biosphäre sollten rascher erkennbar und simulierbar sein und damit einem rationalen Konfliktmanagement zugänglicher. Dieses System könnte sich für eine friedliche Koexistenz der diversen Systeme und für eine Vermeidung gefährlicher Entwicklungen einsetzen.[10]

---

[10] Künstliche Intelligenz: Chancen und Risiken, Diskussionspapier der Stiftung für Effektiven Altruismus, 12.12.2015

Dieses System wäre auch ein Antidot gegen die Mode der Resilience: jenen Trend der, statt Katastrophen zu erkennen und zu vermeiden, die Systeme so auslegt, dass sie solche aushalten (sollen). Eine zynische Form der bei technischen Bauteilen in der Luft- und Raumfahrt üblichen Redundanz.

Wer jedoch Gesichtserkennung mit Gedankenkontrolle kombiniert, der baut an einem kafkaesken Staat, in dem Individualiät, Kreativität und Unschuldsvermutung keinen Platz mehr haben.

Wir leben aktuell in einer Weltproduktions- und handelsgesellschaft, die viele ausgrenzt. Der Wohlstand der Gesellschaft und der Wenigen rächt sich am Einzelnen und einer immer größeren Zahl Ausgegrenzter.

Der letzte Hegemon, die USA, treibt eine Politik nach dem Moto: *Ewiger Krieg für ewigen Frieden.*

H. Mühlmann wies darauf hin, dass Kulturen Krieg erzeugen und sich durch Krieg organisieren.[11]

---

[11] Mühlmann, Heiner, Die Natur der Kulturen, 2011,

Karl Marx hat das gemeint, als er sagte: *Der Mensch ist das Tier, das seine Existenz durch Produktion zu sichern hat.* Und die Produktion ufert eben aus.

Mal sehen, was die Roboter oder deren Zusammenarbeit mit dem Menschen bringen. – Eine Zivilisation der Arbeits- und Konsumwelt oder die Ausschaltung des Menschen und der letzten Regulationsmechanismen. Denn inzwischen digitalisieren und kommerzialisieren die Algorithmen die letzten Lebensbereiche und dringen dank der *CRISPR-Cas*-Technologie in die Zellen von Pflanzen, Tieren und Menschen ein, mit der Folge, dass der Mensch, seine Organisationen und bald die sog. *künstliche Intelligenz* sich der Evolution und ihrer Werkzeuge bemächtigen. Dieser Baukasten ist aber nichts für Glücksritter oder Psychopathen. Diese würden nur den glückseligen angepassten Idioten schaffen.
Eine künstliche Intelligenz, die gut programmiert ist, könnte bestenfalls Kriege vermei-

W. Fink-Verlag, München

den, schlimmstenfalls die Abschaffung der bisherigen (Un)Art Mensch beschließen.

Bewusstseinserweiterung hat nichts mit einem künstlichen Bewusstsein zu tun. Die Gesetze der Physik sind nicht die Gesetze der Biologie. Allerdings vermag eine parallele Evolution Bewusstseins- und Speicher-Technologien zu schaffen, Ego-Maschinen, Visualisierung von Gedanken und postbiotische Systemen. Schon Plato versuchte das Sein vom Werden zu trennen und verfolgte die Idee eines Bewusstseinszustandes.
Wer weiß, was Quantencomputer noch alles leisten werden? Molekulare Rechner, die mit der Parallelität der Quantenparadoxa umgehen können, brechen dann in unsere Vorstellungswelten von der Wirklichkeit ein. Der hochkomplexe Tanz der Elektronen lässt sich dann berechnen, vorhersagen und unter Umständen manipulieren. Parallelwelten und perfekte Simulationen könnten die Folge sein.

Aber Vorsicht: Atome und ihre Elektronenwolken sind Energiewesen, Träger energetischer Zustände, fähig Informationen zu speichern. Die Wellenfunktionen kollabieren niemals: sie spalten sich endlos in parallele Wirklichkeiten.

Atome und ihre Elektronen sollten als Energiewesen aufgefasst werden. Und Zellen können teilweise als Zusammenschlüsse von Atomen und Elektronenwolken verstanden werden, die ein molekulares Gedächtnis aufweisen.

Bisher funktioniert das *Quantenglühen* aber nur unter Einhaltung supraleitender Temperaturen.

Die Welt der Arbeit und der Ideen muss mit der Welt des Geldes und des Kapitals und der Natur neu versöhnt werden.

Der heutige Kapitalismus schafft keine Werte mehr für möglichst viele, sondern ist vom Kreditismus über den Interventionismus zum Etatismus mutiert.

Auch das Recht schafft keinen Rechtsfrieden mehr. Hannah Arendt sprach vom Recht *Rechte zu haben* und den bösen Folgen: Durch Ausweitung der Rechtsanspruchszone entsteht als Folge der gesellschaftlich-staatlichen Rechtsetzungs-Maschine ein nationales und transnationales Monstrum: Über die Regulierungs-Juristerei landen wir im totalitären Rechtsstaat:

Der moderne Mensch fühlt sich als Inhaber von Rechten, insbesondere des Rechts Recht zu haben.

Zusammen mit dem Staat dreht er die Spirale der Verrechtlichung.

Die Ausweitung der Rechtsanspruchszone durch den Staat und seine Bürger wird immer problematischer. So ist die Europäische Union inzwischen ein Monstrum an nationaler und transnationaler Regulierungswut.

Damit verstärken sich die Gefühle der Ohnmacht, die Sehnsucht nach Übersichtlichkeit und einfachen Lösungen, direkter Aktion und demokratischer Legitimation.

Hinzu kommt die allgemeine Beschleunigung durch die maschinelle und digitale Welt. Wir leben im Zeitalter des kinetischen Expressionismus und der digitalen Diktatur. Die elektrische und digitale Verknüpfung des Augenblicks und der Fakten zerstört den Andachts- und Denkraum und macht den modernen

Menschen immer flacher, wie die Bildschirme.

Da das Zeitalter der Sichtbarmachung des Denkens anbricht und die binären Computer durch Quantencomputer ersetzt werden sollen, stellt sich die Frage nach den Chancen und Risiken des Einsatzes der künstlichen Intelligenz:
Take-over der Mikrochips oder der Quantencomputer?
Das Illusionsdesign der Welt ist zusammengebrochen. Die heutige Zeit bietet Ende und Übergänge ohne Neuanfänge. Träume und Albträume. Sie ist bisher unfähig zu neuen Friedensordnungen, Ausbeutungskartelle zu beenden, Einkommens- und Entwicklungsunterschiede auszugleichen.
Es fehlt der Mut zur Klarheit und zur Wahrheit.
Es herrscht ein Lügen und Betrügen ohne Ende mit nur einem Ziel: Mache sehr viel Geld!
Es droht das Scheitern der Moderne und die Verramschung des Geldes bis hin zum *Helikoptergeld.*

Das Illusions-Design darf nicht fortgesetzt werden, ebenso wenig eine symbolische statt einer tatsächlichen Politik.

Zum Ignoranzmanagement[12] gehört die Vermeidung des Ausschaltens des Denkens in Zusammenhängen. Dies erzeugt einen Aufschub der Problemlösung innerhalb einer Zeitblase. Überlappen sich mehrere Blasen, beispielsweise Finanzblasen, exponentielles Bevölkerungswachstum, Flüchtlingskrisen und Negativzinsen, so kommt es zum Systemkollaps.

Dagegen hilft nur eine realistische Szenario-Technik mit unzensiertem Fakten-Check.[13] Denn zum ersten Mal in der Geschichte kann unsere Gesellschaft scheinbar ohne ein fundamentales Verständnis kultureller und historischer Zusammenhänge funktionieren.

Das können Sie in der Politik beobachten: Viele unserer Repräsentanten haben ein grundsätzliches Wissen darüber, wie unser

---

[12] Mühlmann, Heiner, Politikschläue, NZZ 6.7.2016
[13] Szenario-Technik und Bibliometrie. Dr. Birgit Stelzer in
www.sciencedirect.com/science/article/pii/S0040162515001754

politisches System funktioniert und worauf es beruht, nicht verinnerlicht. Die Folge ist eine Infantilisierung der Politik und teilweise auch der Justiz, man betrachte dazu beispielsweise den Gesetzentwurf von Justiz-Minister Heiko Maas mit dem er Straftaten außerhalb des Straßenverkehrs mit Entzug des Führerscheins ahnden will.

Die Infantilisierung, der Gedächtnisverlust und die Negierung des Todes erzeugen auch ein Suchtverhalten in puncto Medien: Die Abhängigkeit von neuen Meldungen macht uns zu Sklaven des Augenblicks. Das Internet wird zu einem großen Friedhof, das gespeichertes Wissen nicht mehr assimiliert.
Doch wenn die Erinnerungen und Erfahrungen nur noch im Computer liegen, werden diejenigen, die die Zukunft gestalten sollen, um die bewusste Möglichkeit dazu gebracht. Insofern sind künstliche Intelligenzen und das Realitätsmanagement bedenkliche Zwangsläufigkeiten der technologischen und soziologischen Entwicklungen des Anthropozäns.

Schlusswort:

Entweder wir gestalten den Wandel oder er gestaltet uns. Entweder wir handeln oder wir werden gehandelt.
Niemand sollte Leibeigner von Algorithmen werden.

»Wenn die letzten Fragen beantwortet sind, dann können wir gehen«, sagte mein Mitarbeiter Dr. Jörn Schnepel, als wir Fragen der künstlichen Intelligenz diskutierten. Dann diktieren Algorithmen Sein oder Nichtsein und der symbolische Traum von der Ewigkeit blickt mit Melancholie auf die Vergänglichkeit.